きほん 1

10までの かず

JN081634

1 かずを すうじで かきましょう。　　　1つ8〔32てん〕

❶ 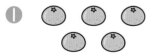 　　❷

❸  　　❹

2 かずを すうじで かきましょう。　　　1つ8〔32てん〕

❶ 　　❷

❸ 　　❹

3 おなじ かずを せんで むすびましょう。

1つ9〔36てん〕

 　　6　　　　

7　　　　　　　4

かくにん 1

10までの かず

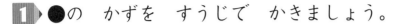

1 ●の かずを すうじで かきましょう。

1つ8〔32てん〕

❶ 　　　　　　　　　　□

❷ 　　　　　　　　　　□

❸ 　　　　　　　　　　□

❹ 　　　　　　　　　　□

2 おおい ほうに ○を つけましょう。　1つ8〔32てん〕

❷

❸

❹ 6 　 8

3 □に あう かずを すうじで かきましょう。

1つ9〔36てん〕

❶ 5 ― 6 ― □　　　❷ 8 ― □ ― 10

❸ □ ― 1 ― 2　　　❹ 5 ― □ ― 3

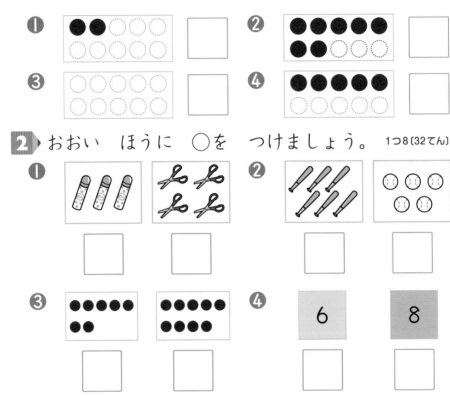

こたえは 63ページ

いくつと　いくつ

1 ▶ 2まいで　☐の　かずに　なるように　いろを
ぬりましょう。

1つ10〔40てん〕

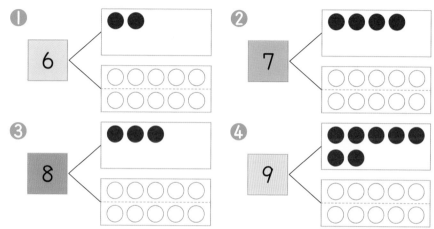

2 ▶ 2まいで　10に　なるように　せんで
むすびましょう。

1つ12〔60てん〕

かくにん 2　いくつと いくつ

／100てん

1 □に あう かずを かきましょう。

1つ10〔40てん〕

❶ ●●●●●

　5は 1と □

❷ ●●●●●●

　6は 3と □

❸ ●●●●●●●

　7は 2と □

❹ ●●●●●●●●

　8は 6と □

2 □に あう かずを かきましょう。

1つ10〔60てん〕

❶
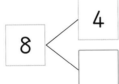
7 — 1 / □

❷
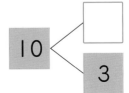
10 — □ / 3

❸
5 — 3 / □

❹
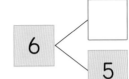
6 — □ / 5

❺
8 — 4 / □

❻
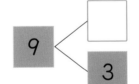
9 — □ / 3

こたえは
63ページ

月　　　日

10ぷん

のこりは　いくつ

／100てん

1 のこりは　いくつでしょう。

1つ15〔60てん〕

①

5こから　3こ　とると、

のこりは　□こ。

②

2だい　でていくと、

のこりは　□だい。

③

4にん　かえると、

のこりは　□にん。

④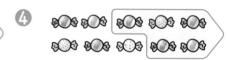

5こ　あげると、

のこりは　□こ。

2 のこりは　いくつでしょう。

1つ20〔40てん〕

①

5こ　あります。
2こ　つかうと、

【しき】　5−2=□

こたえ　□こ

②

3こ　あります。
1こ　あげると、

【しき】　3−1=□

こたえ　□こ

ひき算1年―7

かくにん 3　のこりは　いくつ

1 のこりは　いくつでしょう。　　　　1つ15〔60てん〕

① 3まい　とると、

【しき】 □ − □ = □

こたえ □ まい

② 5こ　とんでいくと、

【しき】 □ − □ = □

こたえ □ こ

③ 2こ　たべると、

【しき】 □ − □ = □

こたえ □ こ

④ 7こ　とると、

【しき】 □ − □ = □

こたえ □ こ

2 のこりは　いくつでしょう。　　　　1つ20〔40てん〕

①

【しき】 □ − □ = □

こたえ □ こ

②

【しき】 □ − □ = □

こたえ □ こ

こたえは
63ページ

きほん 4

ちがいは　いくつ

／100てん

1 ちがいは　いくつでしょう。 1つ15〔60てん〕

❶
りんごと　みかんの
ちがいは　□　こ。

❷
じどうしゃと　バスの
ちがいは　□　だい。

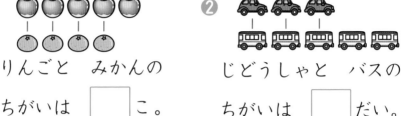

❸
ねこは　いぬより
□　ひき　おおい。

❹
のりは　はさみより
□　こ　おおい。

2 ちがいは　いくつでしょう。 1つ20〔40てん〕

❶
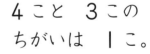

4こと　3この
ちがいは　1こ。

【しき】　4－3=□

こたえ　□こ

❷

5こと　3この
ちがいは　2こ。

【しき】　5－3=□

こたえ　□こ

ちがいは　いくつ

／100てん

10ぷん

1　ちがいは　いくつでしょう。

1つ15〔60てん〕

①

【しき】

☐ − ☐ = ☐

こたえ　☐　こ

②

【しき】

☐ − ☐ = ☐

こたえ　☐　こ

③

【しき】

☐ − ☐ = ☐

こたえ　☐　ぴき

④

【しき】

☐ − ☐ = ☐

こたえ　☐　こ

2　ちがいは　いくつでしょう。

1つ20〔40てん〕

①

【しき】☐ − ☐ = ☐

こたえ　☐　こ

②

【しき】☐ − ☐ = ☐

こたえ　☐　こ

こたえは
64ページ

きほん 5 1や 2を ひく ひきざん

月　　日

10ぷん

／100てん

1 ▶ ひきざんを　しましょう。

1つ10〔40てん〕

① 4−1 = ☐

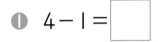

② 3−1 = ☐

③ 3−2 = ☐

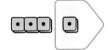

④ 9−2 = ☐

2 ▶ ひきざんを　しましょう。

1つ10〔60てん〕

① 5−1 = ☐

② 7−2 = ☐

③ 4−2 = ☐

④ 2−1 = ☐

⑤ 9−1 = ☐

⑥ 8−2 = ☐

月　　日

10ぷん

1や 2を ひく ひきざん

／100てん

1 ひきざんを しましょう。　　　　　　　1つ10〔60てん〕

❶ 6−2　　　　　　　❷ 3−1

❸ 10−2　　　　　　❹ 8−1

❺ 7−1　　　　　　❻ 5−2

2 こたえが おなじ かずに なる ものを せんで むすびましょう。　　　　　1つ5〔20てん〕

| 3−2 | 8−1 | 5−1 | 5−2 |

・　　　　・　　　　・　　　　・

・　　　　・　　　　・　　　　・

| 9−2 | 4−1 | 2−1 | 6−2 |

3 こたえが □の かずに なる ほうに ○を つけましょう。　　　　　　　　1つ10〔20てん〕

❶ 5　 7−2　 8−2

❷ 9　 10−1　 10−2

こたえは
64ページ

きほん 6

3や　4や　5を　ひく　ひきざん

／100てん

1 ▶ ひきざんを　しましょう。

1つ10〔40てん〕

❶　5－3＝ ☐

❷　8－3＝ ☐

❸　7－4＝ ☐

❹　9－5＝ ☐

2 ▶ ひきざんを　しましょう。

1つ10〔60てん〕

❶　6－5＝ ☐

❷　9－3＝ ☐

❸　8－4＝ ☐

❹　4－3＝ ☐

❺　10－5＝ ☐

❻　6－4＝ ☐

こたえは
64ページ

3や 4や 5を ひく ひきざん

かくにん **6**

月　　日

／100てん

1 ひきざんを しましょう。　　　　1つ10〔80てん〕

① 7−3　　　　　② 9−4

③ 10−3　　　　④ 8−5

⑤ 5−4　　　　　⑥ 7−5

⑦ 10−4　　　　⑧ 6−3

2 こたえが おなじ かずに なる ものを
せんで むすびましょう。　　　　1つ5〔20てん〕

| 5−3 | 8−3 | 10−4 | 9−5 |

| 9−3 | 8−4 | 7−5 | 10−5 |

こたえは
64ページ

6や 7や 8や 9を ひく ひきざん

月　日

／100てん

1 ▶ ひきざんを　しましょう。　　　1つ10〔40てん〕

① $8 - 6 = \boxed{}$　　　② $10 - 7 = \boxed{}$

③ $9 - 8 = \boxed{}$　　　④ $10 - 9 = \boxed{}$

2 ▶ ひきざんを　しましょう。　　　1つ10〔60てん〕

① $7 - 6 = \boxed{}$　　　② $10 - 8 = \boxed{}$

③ $9 - 7 = \boxed{}$　　　④ $10 - 6 = \boxed{}$

⑤ $8 - 7 = \boxed{}$　　　⑥ $9 - 6 = \boxed{}$

かくにん **7**

6や 7や 8や 9を
ひく ひきざん

1 ひきざんを しましょう。　　　　　1つ8〔80てん〕

① 9−7　　　　　② 7−6

③ 10−8　　　　　④ 9−6

⑤ 8−7　　　　　⑥ 10−9

⑦ 10−6　　　　　⑧ 8−6

⑨ 9−8　　　　　⑩ 10−7

2 こたえが ☐の かずに なる ほうに ○を
つけましょう。　　　　　1つ10〔20てん〕

① ☐ 1 　 9−6 　 8−7

② ☐ 4 　 10−6 　 10−7

こたえは
64ページ

きほん 8

0の　ひきざん

／100てん

---

1 のこりは　いくつでしょう。　　1つ20〔40てん〕

①

　ぜんぶ　でていくと、

【しき】　3−3=□　　　こたえ □ だい

②

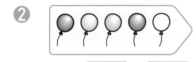　ぜんぶ　とんでいくと、

【しき】　□−□=□　　　こたえ □ こ

2 のこりや　ちがいは　いくつでしょう。　1つ20〔60てん〕

①

　だれも
たべなかった。

【しき】　6−0=□　　　こたえ □ こ

②

　だれも
かえらなかった。

【しき】　□−□=□　　　こたえ □ にん

③

　4 こと　0 この
ちがいは、

【しき】　4−0=□　　　こたえ □ こ

こたえは
65ページ

 月　　日

0の　ひきざん

1 ひきざんを　しましょう。　　　　　1つ6〔84てん〕

① 2−0　　　　　② 7−7

③ 9−0　　　　　④ 5−0

⑤ 8−8　　　　　⑥ 1−0

⑦ 3−0　　　　　⑧ 10−10

⑨ 4−4　　　　　⑩ 7−0

⑪ 1−1　　　　　⑫ 6−6

⑬ 10−0　　　　　⑭ 0−0

2 カードの　こたえが　おなじ　ときは　○を、
ちがう　ときは　×を　かきましょう。　　1つ8〔16てん〕

① ☐　　2−2　9−9

② ☐　　3−0　4−0

18―ひき算1年

こたえは
65ページ

10までの　ひきざん ①

/100てん

1 ひきざんを　しましょう。

1つ5〔100てん〕

① $5-2=$ 　　　　② $8-1=$

③ $6-4=$ 　　　　④ $9-7=$

⑤ $4-3=$ 　　　　⑥ $10-5=$

⑦ $2-1=$ 　　　　⑧ $9-3=$

⑨ $10-2=$ 　　　⑩ $5-1=$

⑪ $8-4=$ 　　　　⑫ $10-9=$

⑬ $7-5=$ 　　　　⑭ $9-6=$

⑮ $10-1=$ 　　　⑯ $8-2=$

⑰ $9-8=$ 　　　　⑱ $8-5=$

⑲ $7-3=$ 　　　　⑳ $5-4=$

こたえは 65ページ

月　　　日

10ぶん

／100てん

10までの　ひきざん ①

1 ▶ ひきざんを　しましょう。 1つ6〔72てん〕

① 7−6　　　　② 9−2

③ 8−3　　　　④ 10−8

⑤ 3−2　　　　⑥ 5−3

⑦ 6−1　　　　⑧ 9−5

⑨ 10−4　　　⑩ 9−1

⑪ 4−1　　　　⑫ 10−7

2 ▶ こたえが　おなじ　かずに　なる　ものを
せんで　むすびましょう。 1つ7〔28てん〕

6−3	7−2	8−7	10−3
・	・	・	・

・	・	・	・
6−5	7−4	8−1	9−4

こたえは
65ページ

10までの　ひきざん ②

1 ひきざんを　しましょう。

1つ5〔100てん〕

① $8-6=$ 　　　　② $7-1=$

③ $9-4=$ 　　　　④ $6-3=$

⑤ $5-5=$ 　　　　⑥ $7-4=$

⑦ $10-8=$ 　　　⑧ $2-0=$

⑨ $6-5=$ 　　　　⑩ $9-1=$

⑪ $5-2=$ 　　　　⑫ $3-2=$

⑬ $10-0=$ 　　　⑭ $10-6=$

⑮ $8-7=$ 　　　　⑯ $1-1=$

⑰ $4-2=$ 　　　　⑱ $8-3=$

⑲ $7-0=$ 　　　　⑳ $9-3=$

10ぷん

10までの　ひきざん ②

／100てん

1 ひきざんを　しましょう。　　　　　1つ6〔72てん〕

① 6−2　　　　　② 10−3

③ 8−5　　　　　④ 9−6

⑤ 3−1　　　　　⑥ 5−4

⑦ 9−0　　　　　⑧ 8−8

⑨ 10−9　　　　⑩ 7−2

⑪ 4−1　　　　　⑫ 0−0

2 こたえが　おなじ　かずに　なる　ものを
せんで　むすびましょう。　　　　　1つ7〔28てん〕

2−1	8−2	10−10	8−0
・	・	・	・

・	・	・	・
7−7	7−6	10−2	6−0

こたえは
65ページ

３つの　かずの　ひきざん ①

／100てん

1 なんびき　のこって　いるでしょう。　　　〔40てん〕

９ひき　います。
２ひき　かえると、

【しき】　９−２=［　　］

また　５ひき
かえると、

【しき】　９−２−５=［　　］　　こたえ［　　］ひき

2 のこりは　いくつでしょう。　　　1つ20〔60てん〕

①

【しき】　９−１−３=［　　］　　こたえ［　　］こ

②

【しき】　７−２−４=［　　］　　こたえ［　　］こ

③

【しき】　１０−３−２=［　　］　　こたえ［　　］こ

こたえは
66ページ

3つの かずの ひきざん ①

1 ひきざんを しましょう。

1つ6〔72てん〕

① 8−5−1　　　② 10−2−1

③ 9−3−5　　　④ 8−4−1

⑤ 10−1−3　　　⑥ 7−3−2

⑦ 9−6−1　　　⑧ 5−2−2

⑨ 9−1−5　　　⑩ 10−2−3

⑪ 10−4−2　　　⑫ 8−6−2

2 こたえが □の かずに なる ほうに ○を
つけましょう。

1つ7〔28てん〕

① | 1 |　6−4−1　　8−2−4

② | 5 |　10−3−3　　7−1−1

③ | 2 |　9−3−4　　10−7−2

④ | 3 |　8−2−3　　5−1−2

こたえは
66ページ

3つの かずの たしざんと ひきざん ①

/100てん

1 なんびきに なったでしょう。

1つ50〔100てん〕

❶

7ひき います。
3びき かえると、

【しき】 7−3=☐

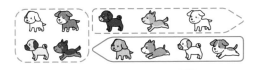

4ひき くると、

【しき】 7−3+4=☐

こたえ ☐ ぴき

❷

6ぴき います。3びき くると、

【しき】 6+3=☐

7ひき
かえると、

【しき】 6+3−7=☐

こたえ ☐ ひき

こたえは
66ページ

月　　日

10ぷん

／100てん

かくにん 12

3つの　かずの　たしざんと　ひきざん ①

1 けいさんを　しましょう。　　　　　　　　1つ6〔72てん〕

① 7−5+2　　　　　② 3+5−7

③ 9−5+6　　　　　④ 4+4−6

⑤ 7+3−4　　　　　⑥ 6−2+1

⑦ 5+1−3　　　　　⑧ 5−3+7

⑨ 10−8+5　　　　⑩ 4−1+5

⑪ 5+2−2　　　　　⑫ 2+7−9

2 カードの　こたえが　おなじ　ときは　○を、
ちがう　ときは　×を　かきましょう。　　1つ7〔28てん〕

① ☐　　8−4+3　　7−6+7

② ☐　　9−6+2　　4+6−5

③ ☐　　6+3−6　　2+6−4

④ ☐　　8−7+1　　6−3−1

こたえは
66ページ

月　　日

10ぷん

10までの　ひきざん ③

／100てん

1 けいさんを　しましょう。

1つ5〔100てん〕

① 6−2=

② 5−3=

③ 9−8=

④ 4−0=

⑤ 2−1=

⑥ 7−7=

⑦ 10−4=

⑧ 8−6=

⑨ 3−3=

⑩ 9−5=

⑪ 4−1=

⑫ 10−2=

⑬ 7−4=

⑭ 8−7=

⑮ 9−2−1=

⑯ 10−4−4=

⑰ 8−1−6=

⑱ 3+5−3=

⑲ 6−5+7=

⑳ 2+8−6=

かくにん 13　10までの　ひきざん ③

月　　日

／100てん

1 けいさんを　しましょう。

1つ6〔72てん〕

① 5−1

② 3−0

③ 9−4

④ 6−5

⑤ 10−10

⑥ 9−6

⑦ 8−3

⑧ 10−7

⑨ 7−2−1

⑩ 8−5−2

⑪ 1+9−5

⑫ 9−7+4

2 こたえが　おなじ　かずに　なる　ものを
せんで　むすびましょう。

1つ7〔28てん〕

8−1	5−1−2	6−3	7−3

9−7+1	7−0	8−4	4−2

28—ひき算1年

こたえは
66ページ

20までの かず

/100てん

1 かずを かきましょう。　　　　1つ10〔80てん〕

❶ [　]

❷ [　]

❸ [　]

❹ [　]

❺ [　]

❻ [　]

❼ [　]

❽ [　]

2 □に あう かずを かきましょう。　1つ10〔20てん〕

❶ 18 ― 19 ― [　]　　❷ 10 ― [　] ― 14 ― 16

20までの　かず

／100てん

1 おおきい　ほうの　かずに　○を　つけましょう。

1つ10〔40てん〕

❶ | 17 | 19 |　❷ | 16 | 9 |

❸ | 15 | 14 |　❹ | 20 | 12 |

2 いちばん　ちいさい　かずに　○を
つけましょう。

1つ10〔20てん〕

❶ | 19 | 11 | 15 |

❷ | 14 | 18 | 20 | 16 |

3 □に　あう　かずを　かきましょう。　1つ10〔40てん〕

❶　12 ＜ 10 / □

❷　16 ＜ □ / 6

❸　□ ＜ 10 / 7

❹　20 ＜ 10 / □

こたえは
67ページ

くりさがりの　ない
20 までの　ひきざん

／100てん

1 ひきざんを　しましょう。

1つ10〔100てん〕

① 13−2=☐

② 17−3=☐

③ 14−1=☐

④ 18−6=☐

⑤ 19−5=☐

⑥ 15−4=☐

⑦ 16−6=☐

⑧ 19−7=☐

⑨ 12−1=☐

⑩ 18−3=☐

くりさがりの　ない　20までの　ひきざん

／100てん

1 ひきざんを　しましょう。

1つ5〔100てん〕

❶ 15−2　　　　❷ 19−4

❸ 14−3　　　　❹ 18−5

❺ 16−6　　　　❻ 13−1

❼ 19−2　　　　❽ 16−3

❾ 18−7　　　　❿ 12−2

⓫ 17−5　　　　⓬ 14−2

⓭ 16−1　　　　⓮ 17−1

⓯ 19−6　　　　⓰ 16−4

⓱ 15−3　　　　⓲ 18−7

⓳ 19−9　　　　⓴ 17−6

こたえは
67ページ

きほん 16

11、12、13から 9までの かずを ひく ひきざん

／100てん

---

1 のこりは いくつでしょう。　□1つ4〔20てん〕

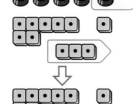

11こから 3こ とります。

☐ から 3を ひいて 7

7と ☐ で ☐

【しき】 11−3=☐　　　　こたえ ☐ こ

2 ひきざんを しましょう。　1つ10〔80てん〕

❶ 12−4=☐

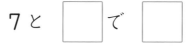

❷ 13−6=☐

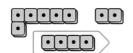

❸ 11−5=☐

❹ 12−7=☐

❺ 13−8=☐

❻ 12−9=☐

❼ 11−7=☐

❽ 13−4=☐

こたえは
67ページ

かくにん 16 　11、12、13から　9までの　かずを　ひく　ひきざん

／100てん

1 ▶ ひきざんを　しましょう。

1つ6〔72てん〕

❶ 11−2　　　　　❷ 12−6

❸ 11−6　　　　　❹ 13−9

❺ 12−8　　　　　❻ 11−8

❼ 12−3　　　　　❽ 13−5

❾ 11−4　　　　　❿ 13−7

⓫ 12−5　　　　　⓬ 11−9

2 ▶ こたえが　おなじ　かずに　なる　ものを
せんで　むすびましょう。

1つ7〔28てん〕

11−2	13−6	12−8	12−7
・	・	・	・

・	・	・	・
12−5	13−8	12−3	11−7

こたえは
67ページ

きほん 17　14、15から　9までの　かずを　ひく　ひきざん

／100てん

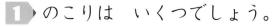

1 のこりは　いくつでしょう。　　　　　□1つ4〔20てん〕

14こから　8こ
とります。

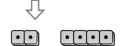

⬇

2

[　　]から　8を　ひいて

2と　[　　]で　[　　]

【しき】　14−8=[　　]　　　　こたえ [　　] こ

2 ひきざんを　しましょう。　　　　　1つ10〔80てん〕

❶ 14−5=[　　]

❷ 15−7=[　　]

❸ 14−9=[　　]

❹ 15−6=[　　]

❺ 15−8=[　　]

❻ 14−7=[　　]

❼ 14−6=[　　]

❽ 15−9=[　　]

/100てん

14、15から　9までの　かずを　ひく　ひきざん

1 ひきざんを　しましょう。

1つ10〔80てん〕

① 15−8 　　　　　② 14−7

③ 14−6 　　　　　④ 15−6

⑤ 14−9 　　　　　⑥ 15−9

⑦ 15−7 　　　　　⑧ 14−5

2 こたえが　□の　かずに　なる　ほうに　○を
つけましょう。

1つ5〔20てん〕

① | 8 | 15−8 | 15−7 |

② | 6 | 14−8 | 14−7 |

③ | 9 | 14−5 | 15−5 |

④ | 4 | 14−9 | 13−9 |

こたえは
68ページ

月　　日

10ぷん

／100てん

16、17、18から 9までの かずを ひく ひきざん

1 のこりは いくつでしょう。 □1つ8〔40てん〕

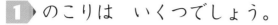

16こから 9こ
とります。

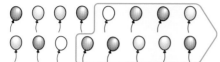
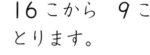

　から 9を ひいて

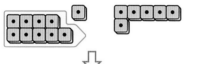

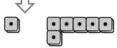

| 1 と ☐ で ☐

【しき】 16−9=☐　　　こたえ ☐こ

2 ひきざんを しましょう。 1つ10〔20てん〕

❶ 17−8=☐　　❷ 18−9=☐

3 ひきざんを しましょう。 1つ10〔40てん〕

❶ 16−7=☐　　❷ 17−9=☐

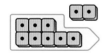

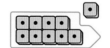

❸ 18−9=☐　　❹ 16−8=☐

かくにん 18

16、17、18から 9までの かずを ひく ひきざん

／100てん

1 ひきざんを　しましょう。　　　　　1つ10〔60てん〕

❶ 16−8

❷ 17−9

❸ 16−7

❹ 18−9

❺ 17−8

❻ 16−9

2 こたえが 9に なる カード（か あ ど）は なんまい あるでしょう。　　　　　〔20てん〕

16−9	17−9	18−9
17−8	16−8	16−7

☐ まい

3 こたえが ☐の かずに なる ほうに ○を つけましょう。　　　　　1つ10〔20てん〕

❶ ☐8　17−9　16−7

❷ ☐7　16−8　16−9

こたえは
68ページ

月　　日

10ぷん

くりさがりの　ある　ひきざん ①

／100てん

1 ひきざんを　しましょう。

1つ5〔100てん〕

① 11−5=☐　　② 12−5=☐

③ 14−6=☐　　④ 15−8=☐

⑤ 17−9=☐　　⑥ 11−3=☐

⑦ 13−4=☐　　⑧ 11−4=☐

⑨ 12−6=☐　　⑩ 14−9=☐

⑪ 16−8=☐　　⑫ 13−6=☐

⑬ 11−2=☐　　⑭ 12−8=☐

⑮ 15−9=☐　　⑯ 15−7=☐

⑰ 14−5=☐　　⑱ 16−7=☐

⑲ 12−9=☐　　⑳ 13−8=☐

くりさがりの　ある　ひきざん ①

10ぷん

／100てん

1 ひきざんを　しましょう。

1つ6〔72てん〕

❶ 12−7

❷ 16−9

❸ 17−8

❹ 12−4

❺ 11−7

❻ 14−8

❼ 18−9

❽ 12−3

❾ 11−8

❿ 13−5

⓫ 15−6

⓬ 11−9

2 こたえが　おなじ　かずに　なる　ものを
せんで　むすびましょう。

1つ7〔28てん〕

11−6	12−8	13−7	14−7

13−9	15−8	14−9	11−5

こたえは
68ページ

くりさがりの　ある　ひきざん ②

／100てん

1 ひきざんを　しましょう。

1つ5〔100てん〕

① 13－7=⬚　　② 11－6=⬚

③ 15－6=⬚　　④ 12－7=⬚

⑤ 12－3=⬚　　⑥ 13－9=⬚

⑦ 11－8=⬚　　⑧ 12－5=⬚

⑨ 14－7=⬚　　⑩ 17－8=⬚

⑪ 11－5=⬚　　⑫ 16－9=⬚

⑬ 14－6=⬚　　⑭ 13－4=⬚

⑮ 12－8=⬚　　⑯ 15－9=⬚

⑰ 13－5=⬚　　⑱ 18－9=⬚

⑲ 11－4=⬚　　⑳ 14－8=⬚

こたえは
69ページ

くりさがりの　ある　ひきざん ②

1 ひきざんを　しましょう。　　　　　　　1つ6〔72てん〕

❶ 11－7　　　　　　❷ 12－9

❸ 14－5　　　　　　❹ 11－3

❺ 12－6　　　　　　❻ 13－8

❼ 11－9　　　　　　❽ 17－9

❾ 12－4　　　　　　❿ 11－2

⓫ 15－8　　　　　　⓬ 16－7

2 こたえが　おなじ　かずに　なる　ものを
せんで　むすびましょう。　　　　　1つ7〔28てん〕

13－6	14－9	15－7	18－9
・	・	・	・

・	・	・	・
11－2	12－5	12－7	16－8

こたえは
69ページ

きほん 21

月　日

3つの　かずの　ひきざん ②

／100てん

1 いくつ　のこって　いるでしょう。　〔20てん〕

12こ　あります。
2こ　とると、

【しき】　$12 - 2 = \boxed{}$

また　3こ　とると、

【しき】　$12 - 2 - 3 = \boxed{}$　　　こたえ $\boxed{}$ こ

2 ひきざんを　しましょう。　1つ10〔80てん〕

❶ $15 - 5 - 8 = \boxed{}$　　❷ $18 - 8 - 2 = \boxed{}$

❸ $13 - 3 - 5 = \boxed{}$　　❹ $14 - 4 - 6 = \boxed{}$

❺ $17 - 9 - 4 = \boxed{}$　　❻ $16 - 7 - 7 = \boxed{}$

❼ $13 - 6 - 1 = \boxed{}$　　❽ $11 - 2 - 5 = \boxed{}$

ひき算1年―43

こたえは
69ページ

10ぷん

3つの　かずの　ひきざん ②

／100てん

1 ひきざんを　しましょう。

1つ6〔72てん〕

① 13−3−2

② 16−6−5

③ 11−1−4

④ 14−4−7

⑤ 18−8−6

⑥ 17−7−9

⑦ 15−6−1

⑧ 12−7−2

⑨ 13−5−3

⑩ 18−9−3

⑪ 17−8−7

⑫ 11−4−6

2 こたえが　□の　かずに　なる　ほうに　○を
つけましょう。

1つ7〔28てん〕

① ⎡3⎤　16−7−6　　14−4−2

② ⎡6⎤　13−5−1　　17−7−4

③ ⎡2⎤　19−9−8　　12−7−2

④ ⎡5⎤　15−5−6　　13−4−4

こたえは
69ページ

きほん 22

3つの　かずの　たしざんと　ひきざん ②

／100てん

1 いくつに　なったでしょう。　　　□1つ10〔60てん〕

❶

10こ　あります。
8こ　もらいました。

【しき】　10+8=□

5こ　あげました。

【しき】　10+8−5=□　　こたえ □こ

❷

13こ　あります。
3こ　あげました。

【しき】　13−3=□

4こ　もらいました。

【しき】　13−3+4=□　　こたえ □こ

2 けいさんを　しましょう。　　　1つ10〔40てん〕

❶ 10+6−2=□　　　**❷** 15−5+7=□

❸ 18−8+6=□　　　**❹** 12+7−4=□

ひき算1年―45

こたえは
69ページ

3つの かずの たしざんと ひきざん ②

月　　日

10ぷん

／100てん

1 けいさんを しましょう。

1つ6〔72てん〕

① 10+9-7

② 15+3-4

③ 16-6+5

④ 12-2+9

⑤ 10+7-6

⑥ 19-9+2

⑦ 11-1+8

⑧ 10+4-1

⑨ 17-8+3

⑩ 8+4-2

⑪ 6+9-5

⑫ 11-4+1

2 カードの こたえが おなじ ときは ○を、
ちがう ときは ×を かきましょう。

1つ7〔28てん〕

① [　] 15-5+3　　10+5-2

② [　] 14+2-4　　12-2+4

③ [　] 11+7-2　　8+7-3

④ [　] 13+6-8　　16-7-2

こたえは
69ページ

3つの　かずの　たしざんと　ひきざん ③

1 けいさんを　しましょう。

1つ5〔100てん〕

① $10+5-2=$ ☐

② $13-3+7=$ ☐

③ $16-6+1=$ ☐

④ $10+8-4=$ ☐

⑤ $9+3-2=$ ☐

⑥ $12-2+6=$ ☐

⑦ $15+4-1=$ ☐

⑧ $8+7-5=$ ☐

⑨ $11-1+9=$ ☐

⑩ $10+6-4=$ ☐

⑪ $13+2-3=$ ☐

⑫ $16-8+1=$ ☐

⑬ $18-8+7=$ ☐

⑭ $10+6-5=$ ☐

⑮ $7+7-4=$ ☐

⑯ $15-6+2=$ ☐

⑰ $13+5-3=$ ☐

⑱ $10+9-7=$ ☐

⑲ $5+9-4=$ ☐

⑳ $12-5+1=$ ☐

3つの かずの たしざんと ひきざん ③

月　　日

／100てん

1 けいさんを しましょう。

1つ6〔72てん〕

① $10+4-3$

② $13+6-5$

③ $14-4+7$

④ $19-9+3$

⑤ $9+5-4$

⑥ $10+8-6$

⑦ $11-3+1$

⑧ $15-7+9$

⑨ $12+4-3$

⑩ $8+5-3$

⑪ $16-7+2$

⑫ $9+9-6$

2 こたえが □の かずに なる ほうに ○を
つけましょう。

1つ7〔28てん〕

① | 11 |　$10+2-1$　|　$13-3+2$

② | 10 |　$8+6-4$　|　$10+5-4$

③ | 18 |　$17-7+8$　|　$9+9-8$

④ | 13 |　$16-6+5$　|　$12+5-4$

こたえは
70ページ

100までの かず

月　　日

/100てん

1 かずを かきましょう。 1つ10〔20てん〕

①  10 | 10 | 10 | □

② □

2 □に あう かずを かきましょう。 □1つ10〔80てん〕

① 10が 5こと 1が 8こで □

② 10が 4こで □

③ 67は 10が □こと 1が □こ

④ 10が 10こで □

⑤ 十のくらいが 9、一のくらいが 0の

かずは □

⑥ 72の 十のくらいの すうじは □、

一のくらいの すうじは □

100までの　かず

1 □に　あう　かずを　かきましょう。　　1つ10〔20てん〕

❶　99より　1　おおきい　かずは　□

❷　100より　5　ちいさい　かずは　□

2 おおきい　ほうの　かずに　○を　つけましょう。

1つ10〔40てん〕

❶　29　　31　　❷　67　　97

❸　70　　58　　❹　54　　45

3 □に　あう　かずを　かきましょう。　　□1つ5〔40てん〕

❶　17 — □ — 19 — □ — □ — 22

❷　□ — 99 — 98 — □ — 96 — □

❸　90 — □ — 70 — 60 — □ — 40

こたえは
70ページ

100より　おおきい　かず

／100てん

1 かずを　かきましょう。

1つ20〔60てん〕

❶

☐

❷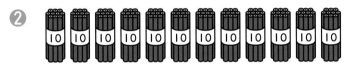

☐

❸

☐

2 ☐に　あう　かずを　かきましょう。

1つ10〔40てん〕

❶ 100は　☐が　10こ

❷ 100と　4で　☐

❸ 100と　☐で　116

❹ 100と　10で　☐

かくにん 25　100より　おおきい　かず

／100てん

10ぷん

1 □に　あう　かずを　かきましょう。　1つ10〔20てん〕

❶　100より　5　おおきい　かずは　◻️

❷　120より　3　ちいさい　かずは　◻️

2 □に　あう　かずを　かきましょう。　□1つ8〔48てん〕

❶　100－◻️－102－103－◻️

❷　118－117－◻️－◻️－114

❸　108－110－◻️－114－◻️

3 おおきい　ほうの　かずに　○を　つけましょう。

1つ10〔20てん〕

❶　111　101　　❷　102　120

4 おおきい　じゅんに　ひだりから　ならべましょう。

〔12てん〕

103　　116　　108　　118　　106

(　　　　　　　　　　　　　　　)

こたえは
70ページ

おおきい　かずの　ひきざん ①

／100てん

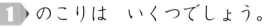

1 のこりは　いくつでしょう。

1つ10〔40てん〕

①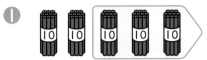

【しき】

$$50 - 30 = \boxed{}$$

こたえ $\boxed{}$ ぽん

②

【しき】

$$30 - 20 = \boxed{}$$

こたえ $\boxed{}$ まい

③

【しき】

$$25 - 5 = \boxed{}$$

こたえ $\boxed{}$ こ

④

【しき】

$$38 - 8 = \boxed{}$$

こたえ $\boxed{}$ こ

2 ひきざんを　しましょう。

1つ10〔60てん〕

① $40 - 10 = \boxed{}$

② $80 - 60 = \boxed{}$

③ $100 - 50 = \boxed{}$

④ $57 - 7 = \boxed{}$

⑤ $83 - 3 = \boxed{}$

⑥ $79 - 9 = \boxed{}$

かくにん 26 おおきい　かずの　ひきざん ①

／100てん

1 ひきざんを　しましょう。

1つ5〔100てん〕

❶ 80−50

❷ 60−30

❸ 20−10

❹ 70−20

❺ 50−20

❻ 90−80

❼ 100−30

❽ 30−10

❾ 90−40

❿ 100−90

⓫ 36−6

⓬ 23−3

⓭ 88−8

⓮ 31−1

⓯ 75−5

⓰ 94−4

⓱ 51−1

⓲ 19−9

⓳ 67−7

⓴ 42−2

こたえは
71ページ

月　　日

おおきい　かずの　ひきざん ②

／100てん

1 のこりは　いくつでしょう。

1つ10〔40てん〕

❶

【しき】

$24 - 2 = \boxed{}$

こたえ $\boxed{}$ まい

❷

【しき】

$49 - 4 = \boxed{}$

こたえ $\boxed{}$ ほん

❸

【しき】

$92 - 10 = \boxed{}$

こたえ $\boxed{}$ こ

❹

【しき】

$94 - 30 = \boxed{}$

こたえ $\boxed{}$ えん

2 ひきざんを　しましょう。

1つ10〔60てん〕

❶ $96 - 1 = \boxed{}$

❷ $35 - 3 = \boxed{}$

❸ $28 - 2 = \boxed{}$

❹ $96 - 50 = \boxed{}$

❺ $35 - 30 = \boxed{}$

❻ $28 - 20 = \boxed{}$

おおきい　かずの　ひきざん ②

／100てん

1 ひきざんを　しましょう。

1つ5〔100てん〕

① 57−1

② 26−2

③ 34−3

④ 93−2

⑤ 59−6

⑥ 48−4

⑦ 45−2

⑧ 82−1

⑨ 69−7

⑩ 17−5

⑪ 94−40

⑫ 48−40

⑬ 51−30

⑭ 19−10

⑮ 45−20

⑯ 67−50

⑰ 82−60

⑱ 43−20

⑲ 69−60

⑳ 97−80

こたえは
71ページ

おおきい　かずの　ひきざん ③

1 ひきざんを　しましょう。

1つ5〔100てん〕

① $40-10=$ ☐　　② $80-30=$ ☐

③ $90-70=$ ☐　　④ $100-10=$ ☐

⑤ $18-8=$ ☐　　⑥ $37-7=$ ☐

⑦ $55-5=$ ☐　　⑧ $29-9=$ ☐

⑨ $63-1=$ ☐　　⑩ $48-6=$ ☐

⑪ $76-5=$ ☐　　⑫ $89-4=$ ☐

⑬ $23-10=$ ☐　　⑭ $51-20=$ ☐

⑮ $46-40=$ ☐　　⑯ $98-60=$ ☐

⑰ $75-50=$ ☐　　⑱ $19-10=$ ☐

⑲ $32-30=$ ☐　　⑳ $84-40=$ ☐

おおきい　かずの　ひきざん ③

1 ひきざんを　しましょう。

1つ6〔72てん〕

❶ 40−30　　　　❷ 70−50

❸ 80−40　　　　❹ 51−1

❺ 39−9　　　　❻ 63−3

❼ 18−6　　　　❽ 97−5

❾ 24−1　　　　❿ 75−10

⓫ 62−60　　　　⓬ 82−30

2 こたえが　おなじ　かずに　なる　ものを
せんで　むすびましょう。

1つ7〔28てん〕

100−50	68−4	50−10	36−3

74−10	52−2	63−30	47−7

こたえは
72ページ

10ぶん

力だめし ①

／100てん

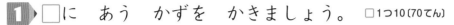

1 □に　あう　かずを　かきましょう。　□1つ10〔70てん〕

① 10と　2で　□

② 10が　6こで　□

③ 83は　10が　□こと　1が　□こ

④ 十のくらいが　4、一のくらいが　5の

　かずは　□

⑤ 50より　3　ちいさい　かずは　□

⑥ 100より　5　ちいさい　かずは　□

2 □に　あう　かずを　かきましょう。　□1つ6〔30てん〕

① 9ー□ー11　　② 33ー32ー□

③ 70ー□ー74ー76ー□ー□ー82

かくにん 30 力だめし ②

／100てん

1 ひきざんを　しましょう。

1つ6〔84てん〕

① 4−3　　　　　② 8−2

③ 10−7　　　　④ 6−6

⑤ 5−1　　　　　⑥ 3−0

⑦ 15−9　　　　⑧ 17−4

⑨ 11−6　　　　⑩ 12−8

⑪ 16−7　　　　⑫ 14−6

⑬ 19−2　　　　⑭ 13−5

2 こたえが　7に　なる　ものに　○を　つけましょう。

〔16てん〕

| 9−2 | 13−7 | 11−4 | 18−2 |

こたえは
72ページ

／100てん

かくにん
31

力だめし ③

10ぷん

1 □に あう かずを かきましょう。　1つ7〔28てん〕

① 10 が 7こと 1 が 5こで □

② 100 は 10 が □ こ

③ 100 と 8で □

④ 100 と 12で □

2 □に あう かずを かきましょう。　□1つ8〔40てん〕

① 99 － □ － 101　② □ － 119 － 118

③

3 いちばん おおきい かずに ○を つけましょう。

1つ8〔32てん〕

① 30　23　32　　② 88　77　78

③ 101　110　111　　④ 68　63　89　36

月　　日

10ぶん

／100てん

力だめし ④

1 けいさんを しましょう。

1つ5〔100てん〕

❶ 18−9

❷ 15−8

❸ 10−10

❹ 14−5

❺ 80−70

❻ 27−7

❼ 9−0

❽ 100−60

❾ 56−3

❿ 44−1

⓫ 56−5

⓬ 78−6

⓭ 38−20

⓮ 93−30

⓯ 7+2−8

⓰ 19−9−5

⓱ 10+7−3

⓲ 16+2−6

⓳ 13−5−2

⓴ 6+8−9

こたえは
72ページ

こたえ

1

3・4ページ

1
- ❶ 5
- ❸ 9
- ❷ 2
- ❹ 8

2
- ❶ 3
- ❸ 6
- ❷ 0
- ❹ 1

3

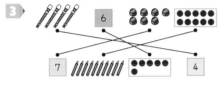

★ ★ ★

1
- ❶ 2
- ❸ 0
- ❷ 7
- ❹ 5

2
- ❶ □ ○
- ❸ □ ○
- ❷ ○ □
- ❹ □ ○

3
- ❶ 5−6−7
- ❷ 8−9−10
- ❸ 0−1−2
- ❹ 5−4−3

2

5・6ページ

1
- ❶ ●●●●○ / ○○○○○
- ❷ ●●●○○ / ○○○○○
- ❸ ●●●●● / ○○○○○
- ❹ ●●○○○ / ○○○○○

2

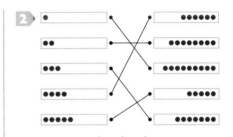

★ ★ ★

1
- ❶ 4
- ❸ 5
- ❷ 3
- ❹ 2

2
- ❶ 6
- ❹ 1
- ❷ 7
- ❺ 4
- ❸ 2
- ❻ 6

3

7・8ページ

1
- ❶ 2 こ
- ❸ 3 にん
- ❷ 1 だい
- ❹ 5 こ

2
- ❶ 5−2=3　　こたえ 3 こ
- ❷ 3−1=2　　こたえ 2 こ

★ ★ ★

1
- ❶ 4−3=1　　こたえ 1 まい
- ❷ 7−5=2　　こたえ 2 こ
- ❸ 9−2=7　　こたえ 7 こ
- ❹ 10−7=3　　こたえ 3 こ

2
- ❶ 7−3=4　　こたえ 4 こ
- ❷ 10−2=8　　こたえ 8 こ

4

1 ❶ 1 こ　　❷ 2 だい
　　❸ 5 ひき　　❹ 4 こ

2 ❶ 4−3=1　　こたえ 1 こ
　　❷ 5−3=2　　こたえ 2 こ

★　★　★

1 ❶ 6−3=3　　こたえ 3 こ
　　❷ 9−8=1　　こたえ 1 こ
　　❸ 8−2=6　　こたえ 6 ぴき
　　❹ 10−6=4　　こたえ 4 こ

2 ❶ 4−2=2　　こたえ 2 こ
　　❷ 8−3=5　　こたえ 5 こ

5

11・12ページ

1 ❶ 3　　❷ 2
　　❸ 1　　❹ 7

2 ❶ 4　　❷ 5
　　❸ 2　　❹ 1
　　❺ 8　　❻ 6

★　★　★

1 ❶ 4　　❷ 2
　　❸ 8　　❹ 7
　　❺ 6　　❻ 3

2 つぎのように　むすぶ。

3−2	——	2−1
8−1	——	9−2
5−1	——	6−2
5−2	——	4−1

3 ❶ 7−2 に ○
　　❷ 10−1 に ○

6

13・14ページ

1 ❶ 2　　❷ 5
　　❸ 3　　❹ 4

2 ❶ 1　　❷ 6
　　❸ 4　　❹ 1
　　❺ 5　　❻ 2

★　★　★

1 ❶ 4　　❷ 5
　　❸ 7　　❹ 3
　　❺ 1　　❻ 2
　　❼ 6　　❽ 3

2 つぎのように　むすぶ。

5−3	——	7−5
8−3	——	10−5
10−4	——	9−3
9−5	——	8−4

7

15・16ページ

1 ❶ 2　　❷ 3
　　❸ 1　　❹ 1

2 ❶ 1　　❷ 2
　　❸ 2　　❹ 4
　　❺ 1　　❻ 3

★　★　★

1 ❶ 2　　❷ 1
　　❸ 2　　❹ 3
　　❺ 1　　❻ 1
　　❼ 4　　❽ 2
　　❾ 1　　❿ 3

2 ❶ 8−7 に ○
　　❷ 10−6 に ○

8

1 ❶ $3-3=\boxed{0}$ こたえ **0** だい
❷ $5-5=0$ こたえ **0** こ

2 ❶ $6-0=\boxed{6}$ こたえ **6** こ
❷ $8-0=8$ こたえ **8** にん
❸ $4-0=\boxed{4}$ こたえ **4** こ

★ ★ ★

1 ❶ 2 ❷ 0
❸ 9 ❹ 5
❺ 0 ❻ 1
❼ 3 ❽ 0
❾ 0 ❿ 7
⓫ 0 ⓬ 0
⓭ 10 ⓮ 0

2 ❶ ○ ❷ ×

9

1 ❶ 3 ❷ 7
❸ 2 ❹ 2
❺ 1 ❻ 5
❼ 1 ❽ 6
❾ 8 ❿ 4
⓫ 4 ⓬ 1
⓭ 2 ⓮ 3
⓯ 9 ⓰ 6
⓱ 1 ⓲ 3
⓳ 4 ⓴ 1

★ ★ ★

1 ❶ 1 ❷ 7
❸ 5 ❹ 2
❺ 1 ❻ 2
❼ 5 ❽ 4
❾ 6 ❿ 8
⓫ 3 ⓬ 3

2 つぎのように むすぶ。

6-3	7-4
7-2	9-4
8-7	6-5
10-3	8-1

10

1 ❶ 2 ❷ 6
❸ 5 ❹ 3
❺ 0 ❻ 3
❼ 2 ❽ 2
❾ 1 ❿ 8
⓫ 3 ⓬ 1
⓭ 10 ⓮ 4
⓯ 1 ⓰ 0
⓱ 2 ⓲ 5
⓳ 7 ⓴ 6

★ ★ ★

1 ❶ 4 ❷ 7
❸ 3 ❹ 3
❺ 2 ❻ 1
❼ 9 ❽ 0
❾ 1 ❿ 5
⓫ 3 ⓬ 0

2 つぎのように むすぶ。

2-1	7-6
8-2	6-0
10-10	7-7
8-0	10-2

11

1 $9-2=\boxed{7}$

　$9-2-5=\boxed{2}$　　こたえ 2 ひき

2 ❶ $9-1-3=\boxed{5}$　　こたえ 5 こ

　❷ $7-2-4=\boxed{1}$　　こたえ 1 こ

　❸ $10-3-2=\boxed{5}$　　こたえ 5 こ

てびき　3 つのかずのひき算は、前から順に計算していきましょう。

★　★　★

1 ❶ 2　　　　❷ 7
　❸ 1　　　　❹ 3
　❺ 6　　　　❻ 2
　❼ 2　　　　❽ 1
　❾ 3　　　　❿ 5
　⓫ 4　　　　⓬ 0

2 ❶ $6-4-1$ に　○
　❷ $7-1-1$ に　○
　❸ $9-3-4$ に　○
　❹ $8-2-3$ に　○

12

1 ❶ $7-3=\boxed{4}$

　$7-3+4=\boxed{8}$　　こたえ 8 ぴき

　❷ $6+3=\boxed{9}$

　$6+3-7=\boxed{2}$　　こたえ 2 ひき

てびき　たし算とひき算の混じった 3つの数の計算も、考え方は同じです。前から順に計算していくことを徹底させましょう。

★　★　★

1 ❶ 4　　　　❷ 1
　❸ 10　　　❹ 2
　❺ 6　　　　❻ 5
　❼ 3　　　　❽ 9
　❾ 7　　　　❿ 8
　⓫ 5　　　　⓬ 0

2 ❶ ×　　　　❷ ○
　❸ ×　　　　❹ ○

13

1 ❶ 4　　　　❷ 2
　❸ 1　　　　❹ 4
　❺ 1　　　　❻ 0
　❼ 6　　　　❽ 2
　❾ 0　　　　❿ 4
　⓫ 3　　　　⓬ 8
　⓭ 3　　　　⓮ 1
　⓯ 6　　　　⓰ 2
　⓱ 1　　　　⓲ 5
　⓳ 8　　　　⓴ 4

★　★　★

1 ❶ 4　　　　❷ 3
　❸ 5　　　　❹ 1
　❺ 0　　　　❻ 3
　❼ 5　　　　❽ 3
　❾ 4　　　　❿ 1
　⓫ 5　　　　⓬ 6

2 つぎのように　むすぶ。

$8-1$ ── $7-0$

$5-1-2$ ── $4-2$

$6-3$ ── $9-7+1$

$7-3$ ── $8-4$

14

1
- ❶ 12
- ❷ 15
- ❸ 13
- ❹ 18
- ❺ 11
- ❻ 16
- ❼ 14
- ❽ 20

2
- ❶ 18 ― 19 ― 20
- ❷ 10 ― 12 ― 14 ― 16

★ ★ ★

1
- ❶ 19 に ○
- ❷ 16 に ○
- ❸ 15 に ○
- ❹ 20 に ○

2
- ❶ 11 に ○
- ❷ 14 に ○

3
- ❶ 2
- ❷ 10
- ❸ 17
- ❹ 10

15

31・32ページ

1
- ❶ 11
- ❷ 14
- ❸ 13
- ❹ 12
- ❺ 14
- ❻ 11
- ❼ 10
- ❽ 12
- ❾ 11
- ❿ 15

★ ★ ★

1
- ❶ 13
- ❷ 15
- ❸ 11
- ❹ 13
- ❺ 10
- ❻ 12
- ❼ 17
- ❽ 13
- ❾ 11
- ❿ 10
- ⓫ 12
- ⓬ 12
- ⓭ 15
- ⓮ 16
- ⓯ 13
- ⓰ 12
- ⓱ 12
- ⓲ 11
- ⓳ 10
- ⓴ 11

16

33・34ページ

1 10 から 3 を ひいて 7
　　7 と 1 で 8
　　11－3＝8　　こたえ 8 こ

2
- ❶ 8
- ❷ 7
- ❸ 6
- ❹ 5
- ❺ 5
- ❻ 3
- ❼ 4
- ❽ 9

てびき ここからはくり下がりのある
ひき算の勉強です。1年生で特につ
まずきやすい分野なので、しっかり
学習しましょう。
　11－3など、くり下がりのあるひ
き算は、まず11を10と1に分
け（ここが重要です！）、10－3＝7
と計算し、次に7＋1＝8の計算を
します。はじめのうちは、おはじき
などを使って考えてみてもよいでし
ょう。

★ ★ ★

1
- ❶ 9
- ❷ 6
- ❸ 5
- ❹ 4
- ❺ 4
- ❻ 3
- ❼ 9
- ❽ 8
- ❾ 7
- ❿ 6
- ⓫ 7
- ⓬ 2

2 つぎのように むすぶ。

11－2 ―― 12－3
13－6 ―― 12－5
12－8 ―― 11－7
12－7 ―― 13－8

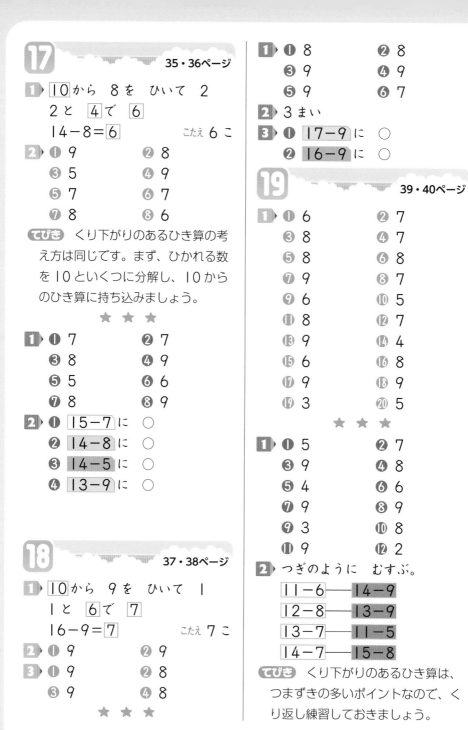

17

17 35・36ページ

1 □10□ から 8 を ひいて 2
　　2と □4□で □6□
　　14-8=□6□　　　こたえ 6 こ

2 ❶ 9　　　❷ 8
　　❸ 5　　　❹ 9
　　❺ 7　　　❻ 7
　　❼ 8　　　❽ 6

てびき くり下がりのあるひき算の考
え方は同じです。まず、ひかれる数
を 10 といくつに分解し、10 から
のひき算に持ち込みましょう。

★　★　★

1 ❶ 7　　　❷ 7
　　❸ 8　　　❹ 9
　　❺ 5　　　❻ 6
　　❼ 8　　　❽ 9

2 ❶ 15-7 に ○
　　❷ 14-8 に ○
　　❸ 14-5 に ○
　　❹ 13-9 に ○

18 37・38ページ

1 □10□ から 9 を ひいて 1
　　1と □6□で □7□
　　16-9=□7□　　　こたえ 7 こ

2 ❶ 9　　　❷ 9

3 ❶ 9　　　❷ 8
　　❸ 9　　　❹ 8

★　★　★

1 ❶ 8　　　❷ 8
　　❸ 9　　　❹ 9
　　❺ 9　　　❻ 7

2 3 まい

3 ❶ 17-9 に ○
　　❷ 16-9 に ○

19 39・40ページ

1 ❶ 6　　　❷ 7
　　❸ 8　　　❹ 7
　　❺ 8　　　❻ 8
　　❼ 9　　　❽ 7
　　❾ 6　　　❿ 5
　　⓫ 8　　　⓬ 7
　　⓭ 9　　　⓮ 4
　　⓯ 6　　　⓰ 8
　　⓱ 9　　　⓲ 9
　　⓳ 3　　　⓴ 5

★　★　★

1 ❶ 5　　　❷ 7
　　❸ 9　　　❹ 8
　　❺ 4　　　❻ 6
　　❼ 9　　　❽ 9
　　❾ 3　　　❿ 8
　　⓫ 9　　　⓬ 2

2 つぎのように むすぶ。
　　11-6——14-9
　　12-8——13-9
　　13-7——11-5
　　14-7——15-8

てびき くり下がりのあるひき算は、
つまずきの多いポイントなので、く
り返し練習しておきましょう。

68—ひき算1年

20

1 ❶ 6 　　❷ 5
❸ 9 　　❹ 5
❺ 9 　　❻ 4
❼ 3 　　❽ 7
❾ 7 　　❿ 9
⓫ 6 　　⓬ 7
⓭ 8 　　⓮ 9
⓯ 4 　　⓰ 6
⓱ 8 　　⓲ 9
⓳ 7 　　⓴ 6

★ ★ ★

1 ❶ 4 　　❷ 3
❸ 9 　　❹ 8
❺ 6 　　❻ 5
❼ 2 　　❽ 8
❾ 8 　　❿ 9
⓫ 7 　　⓬ 9

2 つぎのように　むすぶ。

13−6	—	12−5
14−9	—	12−7
15−7	—	16−8
18−9	—	11−2

21

1 12−2=10
12−2−3=7　　こたえ 7 こ

2 ❶ 2 　　❷ 8
❸ 5 　　❹ 4
❺ 4 　　❻ 2
❼ 6 　　❽ 4

てびき やや発展的な内容です。前から順に計算していきましょう。

★ ★ ★

1 ❶ 8 　　❷ 5
❸ 6 　　❹ 3
❺ 4 　　❻ 1
❼ 8 　　❽ 3
❾ 5 　　❿ 6
⓫ 2 　　⓬ 1

2 ❶ 16−7−6 に ○
❷ 17−7−4 に ○
❸ 19−9−8 に ○
❹ 13−4−4 に ○

22

1 ❶ 10+8=18
10+8−5=13
こたえ 13 こ

❷ 13−3=10
13−3+4=14
こたえ 14 こ

2 ❶ 14 　　❷ 17
❸ 16 　　❹ 15

★ ★ ★

1 ❶ 12 　　❷ 14
❸ 15 　　❹ 19
❺ 11 　　❻ 12
❼ 18 　　❽ 13
❾ 12 　　❿ 10
⓫ 10 　　⓬ 8

2 ❶ ○ 　　❷ ×
❸ × 　　❹ ×

23 47・48ページ

1 ❶ 13　　❷ 17
　❸ 11　　❹ 14
　❺ 10　　❻ 16
　❼ 18　　❽ 10
　❾ 19　　❿ 12
　⓫ 12　　⓬ 9
　⓭ 17　　⓮ 11
　⓯ 10　　⓰ 11
　⓱ 15　　⓲ 12
　⓳ 10　　⓴ 8

てびき やや発展的な内容を含んでい
ます。くり返し解きましょう。

★　★　★

1 ❶ 11　　❷ 14
　❸ 17　　❹ 13
　❺ 10　　❻ 12
　❼ 9　　❽ 17
　❾ 13　　❿ 10
　⓫ 11　　⓬ 12
2 ❶ 10+2−1 に　○
　❷ 8+6−4 に　○
　❸ 17−7+8 に　○
　❹ 12+5−4 に　○

24 49・50ページ

1 ❶ 33　　❷ 31
2 ❶ 58　　❷ 40
　❸ 6、7　　❹ 100
　❺ 90　　❻ 7、2

★　★　★

1 ❶ 100　　❷ 95
2 ❶ 31 に　○　❷ 97 に　○
　❸ 70 に　○　❹ 54 に　○
3 ❶ 17−18−19−20
　　−21−22
　❷ 100−99−98−97
　　−96−95
　❸ 90−80−70−60−
　　50−40

てびき 3 ❷❸左から右に数が小
さくなっているので、それを元に考
えます。❸は10飛びに並んでいます。

25 51・52ページ

1 ❶ 113　❷ 120　❸ 107
2 ❶ 10　　　❷ 104
　❸ 16　　　❹ 110

★　★　★

1 ❶ 105　　❷ 117
2 ❶ 100−101−102−
　　103−104
　❷ 118−117−116−
　　115−114
　❸ 108−110−112−
　　114−116
3 ❶ 111 に　○
　❷ 120 に　○
4 118、116、108、106、
　103

てびき 百の位→十の位→一の位の順
に比べ、はじめに一番大きい数を見
つけましょう。

26

53・54ページ

1 ❶ 50−30=**20**

こたえ **20 ぽん**

❷ 30−20=**10**

こたえ **10 まい**

❸ 25−5=**20**

こたえ **20 こ**

❹ 38−8=**30**

こたえ **30 こ**

2 ❶ 30 ❷ 20
❸ 50 ❹ 50
❺ 80 ❻ 70

★ ★ ★

1 ❶ 30 ❷ 30
❸ 10 ❹ 50
❺ 30 ❻ 10
❼ 70 ❽ 20
❾ 50 ❿ 10
⓫ 30 ⓬ 20
⓭ 80 ⓮ 30
⓯ 70 ⓰ 90
⓱ 50 ⓲ 10
⓳ 60 ⓴ 40

27

55・56ページ

1 ❶ 24−2=**22**

こたえ **22 まい**

❷ 49−4=**45**

こたえ **45 ぽん**

❸ 92−10=**82**

こたえ **82 こ**

❹ 94−30=**64**

こたえ **64 えん**

2 ❶ 95 ❷ 32
❸ 26 ❹ 46
❺ 5 ❻ 8

てびき （2 けたの数)−(何十)は、発展的な内容です。お子様の学習の理解度に応じて、扱ってください。

★ ★ ★

1 ❶ 56 ❷ 24
❸ 31 ❹ 91
❺ 53 ❻ 44
❼ 43 ❽ 81
❾ 62 ❿ 12
⓫ 54 ⓬ 8
⓭ 21 ⓮ 9
⓯ 25 ⓰ 17
⓱ 22 ⓲ 23
⓳ 9 ⓴ 17

28

57・58ページ

1 ❶ 30 ❷ 50
❸ 20 ❹ 90
❺ 10 ❻ 30
❼ 50 ❽ 20
❾ 62 ❿ 42
⓫ 71 ⓬ 85
⓭ 13 ⓮ 31
⓯ 6 ⓰ 38
⓱ 25 ⓲ 9
⓳ 2 ⓴ 44

★ ★ ★

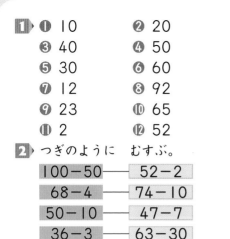

1 ❶ 10 　　❷ 20
❸ 40 　　❹ 50
❺ 30 　　❻ 60
❼ 12 　　❽ 92
❾ 23 　　❿ 65
⓫ 2 　　⓬ 52

2 つぎのように　むすぶ。

100−50	—	52−2
68−4	—	74−10
50−10	—	47−7
36−3	—	63−30

29　　　　　　59ページ

1 ❶ 12 　❷ 60 　❸ 8、3
❹ 45 　❺ 47 　❻ 95

2 ❶ 9 − 10 − 11
❷ 33 − 32 − 31
❸ 70 − 72 − 74 − 76
　 − 78 − 80 − 82

てびき **2** ❸ 74、76 と 2 つ飛び
になっていることに気づかせます。

30　　　　　　60ページ

1 ❶ 1 　　❷ 6
❸ 3 　　❹ 0
❺ 4 　　❻ 3
❼ 6 　　❽ 13
❾ 5 　　❿ 4
⓫ 9 　　⓬ 8
⓭ 17 　　⓮ 8

2 9−2 と 11−4 に ○

31　　　　　　61ページ

1 ❶ 75 　　❷ 10
❸ 108 　　❹ 112

2 ❶ 99 − 100 − 101
❷ 120 − 119 − 118
❸（ひだりから　じゅんに）
　73、80、89

3 ❶ 32 に ○ ❷ 88 に ○
❸ 111 に ○ ❹ 89 に ○

てびき **2** ❸ここでの数の線の1
目盛りは1です。問題によっては
1目盛りが5や10のときもある
ので、1目盛りがいくつかは最初に
確認しておきましょう。

32　　　　　　62ページ

1 ❶ 9 　　❷ 7
❸ 0 　　❹ 9
❺ 10 　　❻ 20
❼ 9 　　❽ 40
❾ 53 　　❿ 43
⓫ 51 　　⓬ 72
⓭ 18 　　⓮ 63
⓯ 1 　　⓰ 5
⓱ 14 　　⓲ 12
⓳ 6 　　⓴ 5

てびき ひき算の計算の総まとめで
す。⓭⓮などは発展的な内容を含ん
でいますが、これまでの学習内容を
しっかり理解していれば、決して難
しくないでしょう。

3 2 1 0 9 8 7 6 5 4
* * D C B A